2. BURACOS NEGROS

Buracos negros são regiões do espaço onde a gravidade é tão forte que nada, nem mesmo a luz, pode escapar. Eles se formam a partir da morte de estrelas massivas.

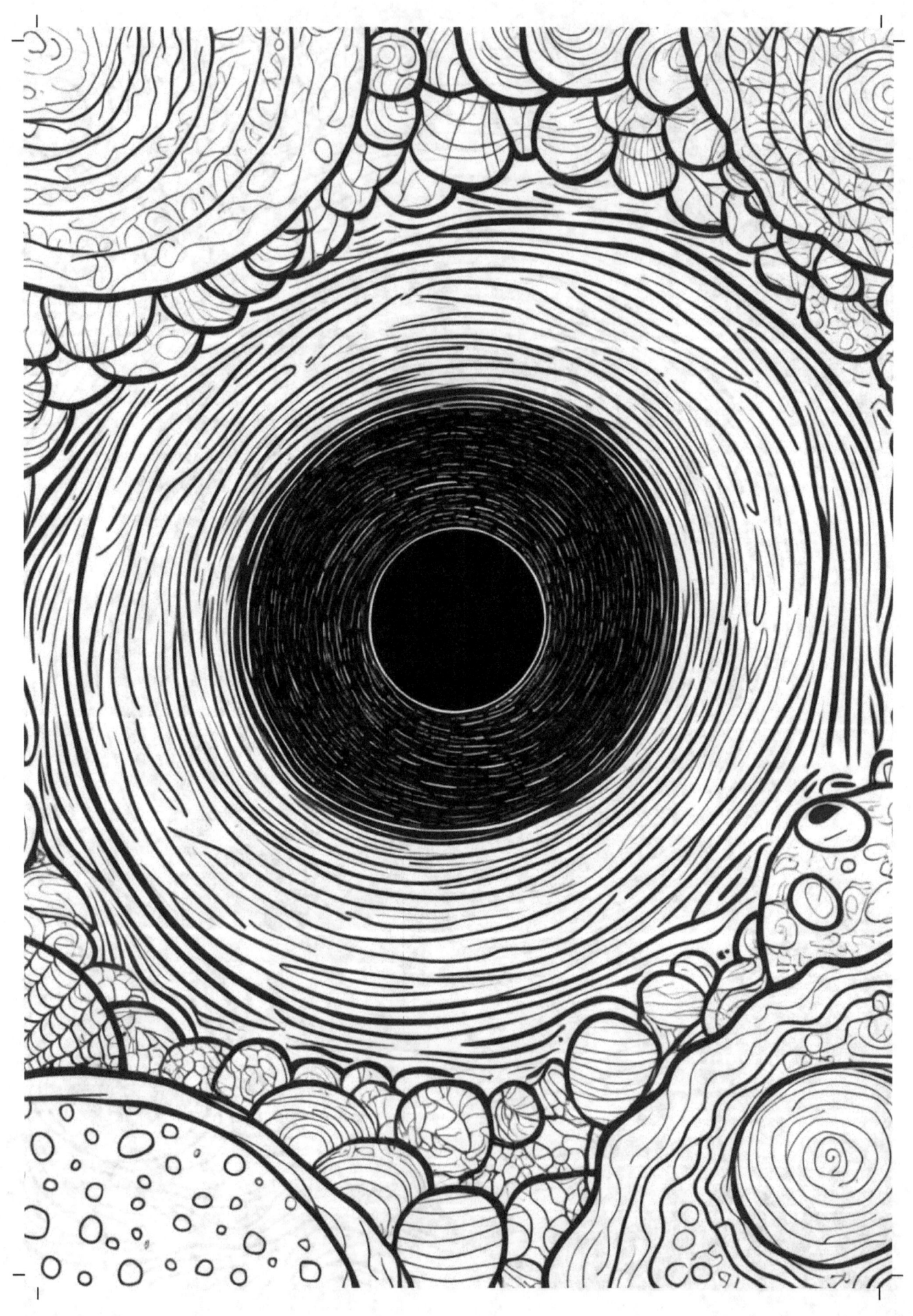

3. EXPANSÃO DO UNIVERSO

O universo está se expandindo, e a taxa de expansão está aumentando. Isso foi descoberto através da observação da luz de supernovas distantes.

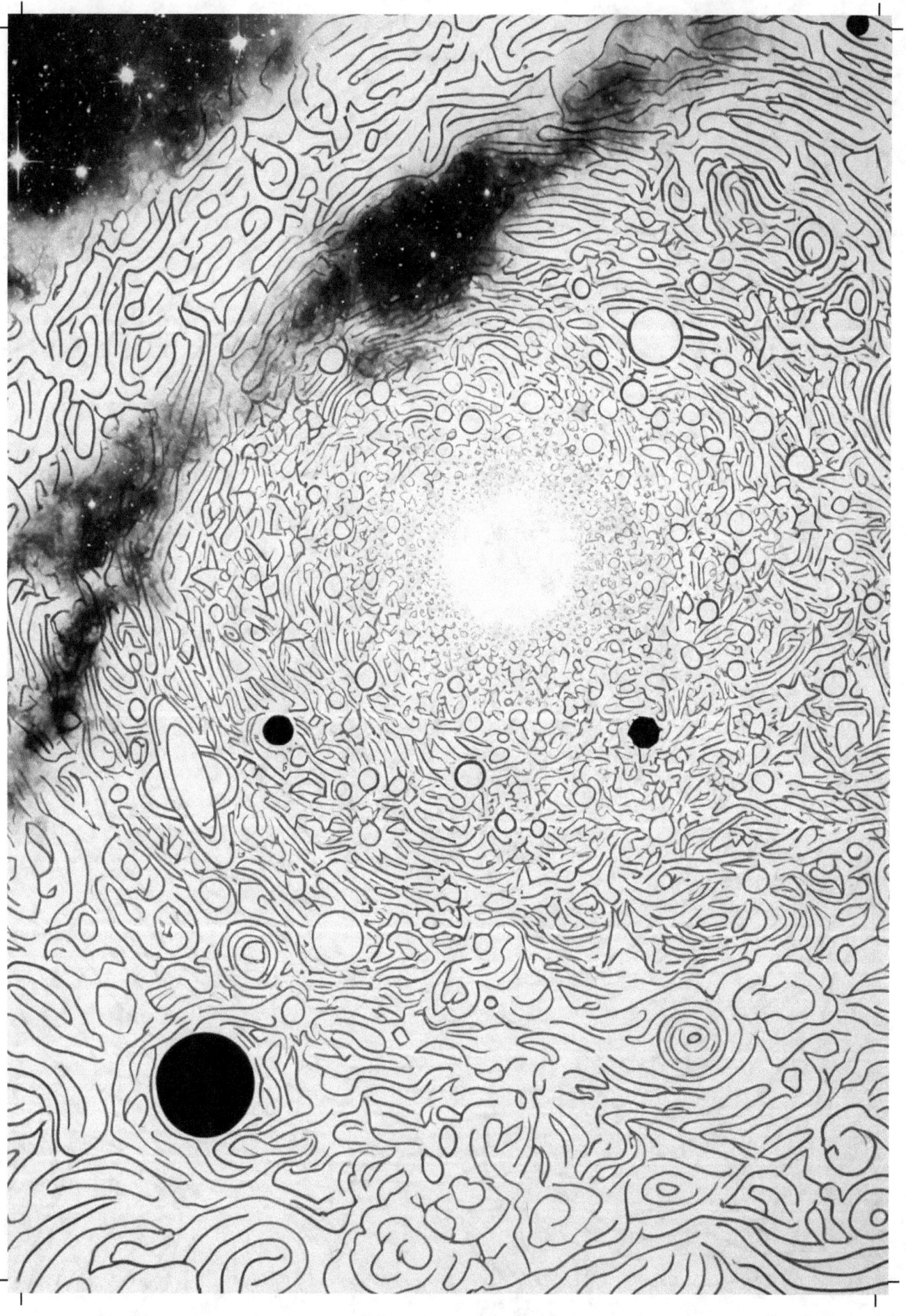

6. GRAVIDADE ZERO

No espaço, os astronautas experimentam a microgravidade, o que dá a sensação de ausência de peso. Isso ocorre porque tanto os astronautas quanto a nave espacial estão em queda livre em torno da Terra.

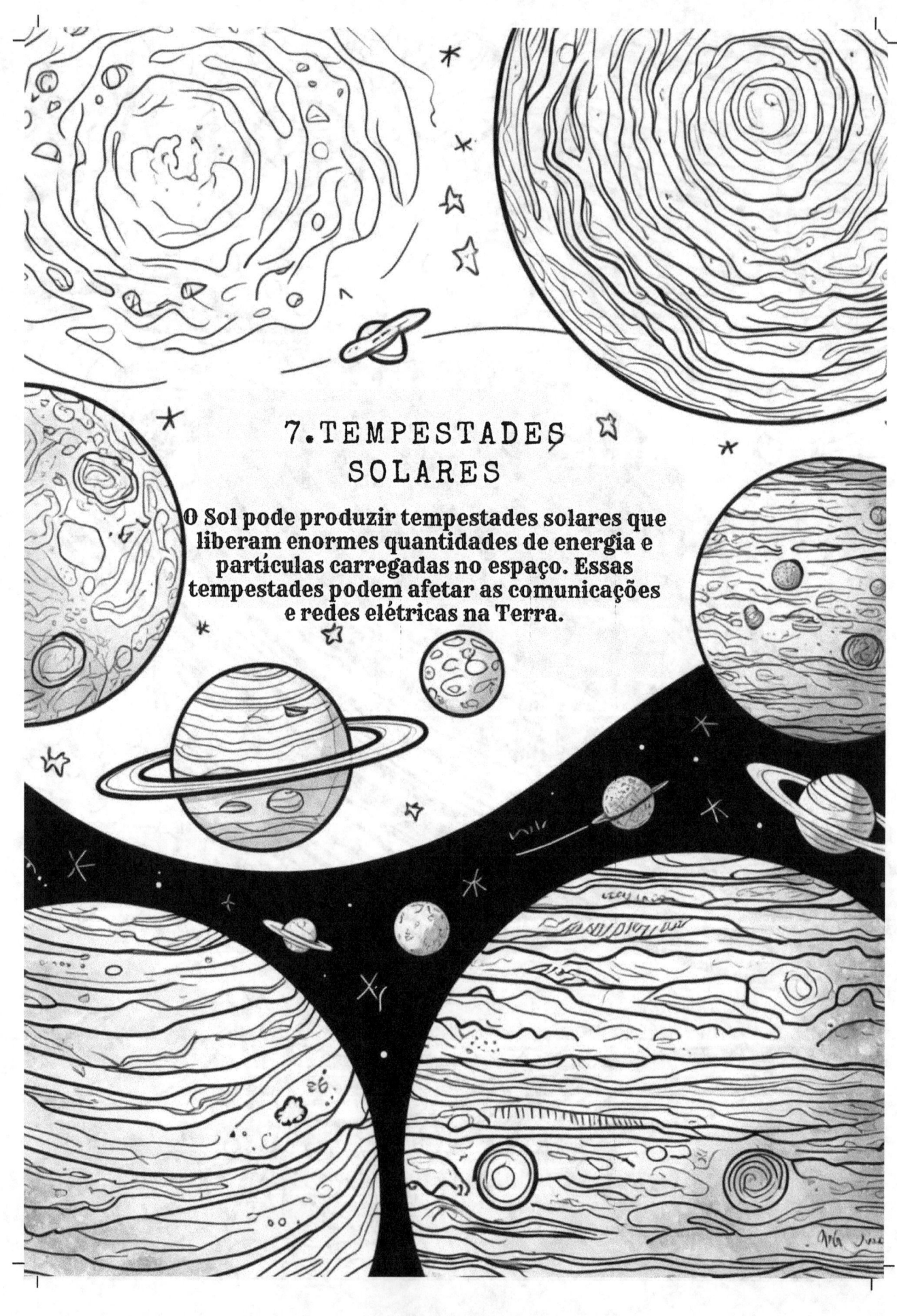

7. TEMPESTADES SOLARES

O Sol pode produzir tempestades solares que liberam enormes quantidades de energia e partículas carregadas no espaço. Essas tempestades podem afetar as comunicações e redes elétricas na Terra.

8. SONDAS VOYAGER

Lançadas em 1977, as sondas Voyager 1 e Voyager 2 são sondas espaciais da NASA que viajaram mais longe do que qualquer outro objeto feito pelo homem. A Voyager 1 entrou no espaço interestelar em 2012 e continua a enviar dados de volta à Terra. Cada Voyager carrega um disco de ouro com sons e imagens representando a vida e a cultura na Terra.

9. SPACEX

Fundada por Elon Musk em 2002, a SpaceX revolucionou as viagens espaciais desenvolvendo foguetes reutilizáveis, reduzindo significativamente o custo das missões espaciais. O foguete Falcon 9 e a nave Dragon da SpaceX têm sido usados para entregar carga e tripulação à Estação Espacial Internacional. A Starship da SpaceX, atualmente em desenvolvimento, visa permitir missões humanas a Marte e outros destinos distantes, expandindo os limites da exploração espacial.

9. EXOPLANETAS

Até hoje, mais de 4.000 exoplanetas (planetas fora do nosso sistema solar) foram descobertos, e esse número continua a crescer à medida que novas técnicas de observação são desenvolvidas.

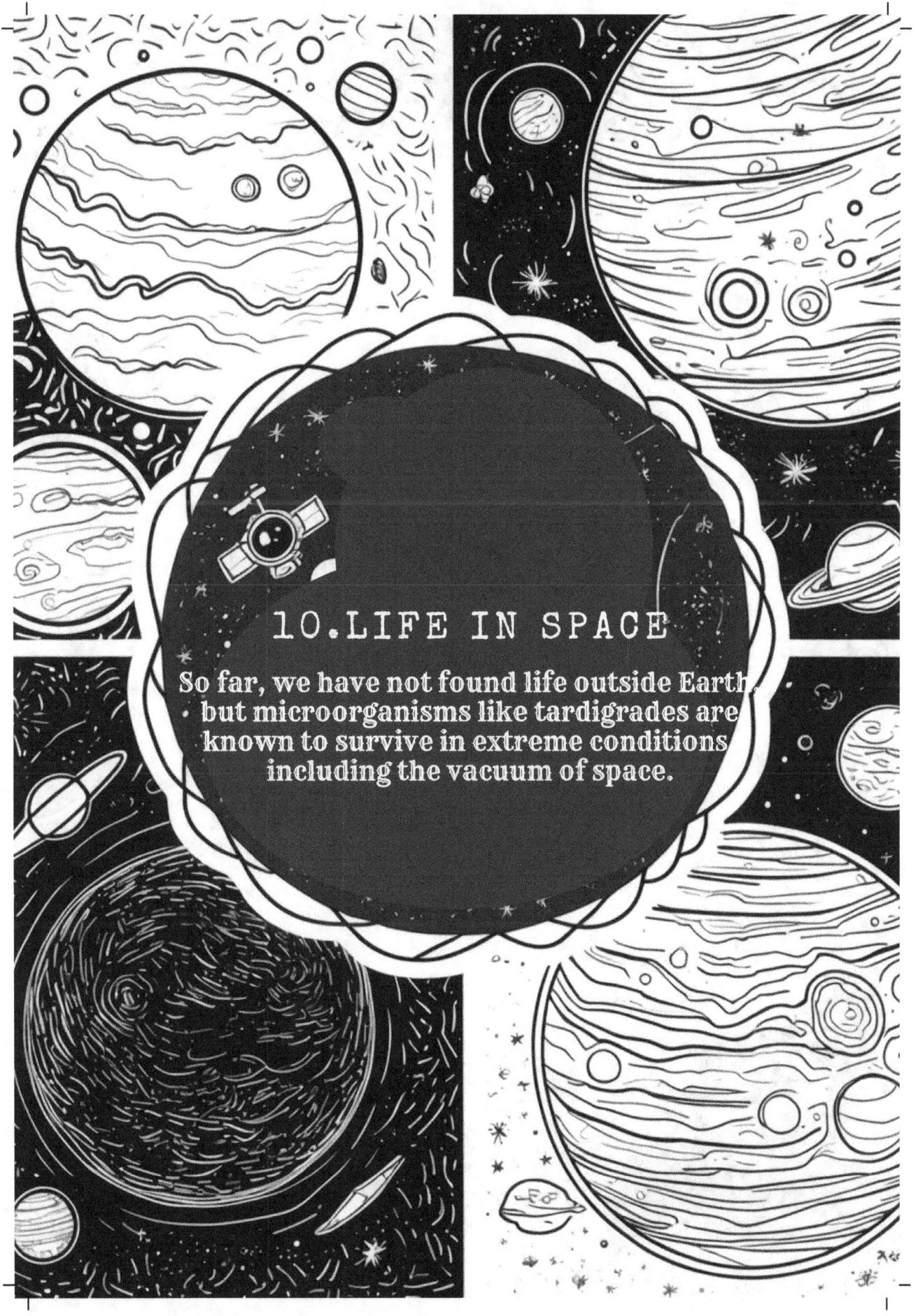

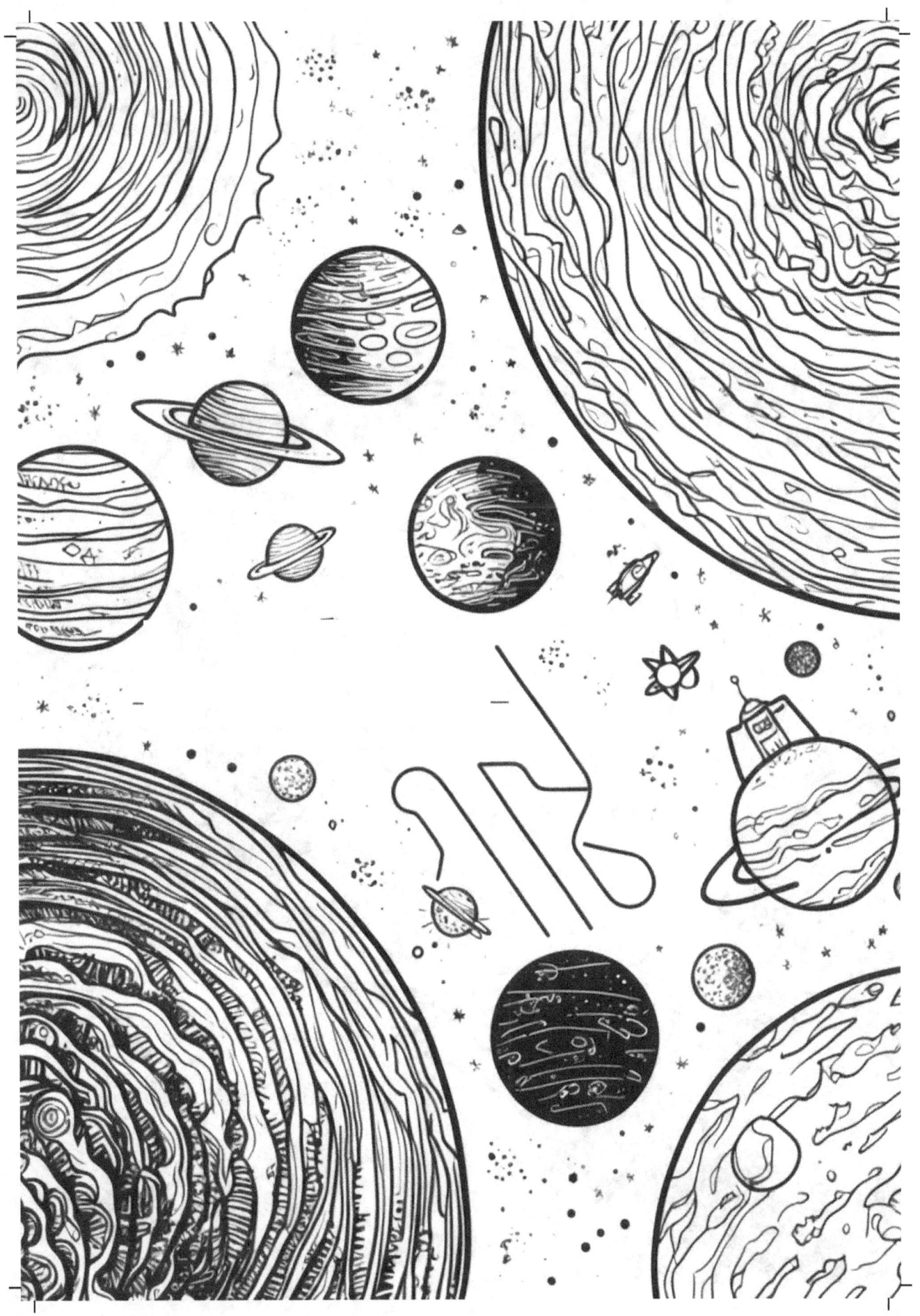

www.ingramcontent.com/pod-product-compliance
Lightning Source LLC
Chambersburg PA
CBHW082241220526
45479CB00005B/1296